〔　　月　　日〕

1 ビルディング

目標時間は5分

分　　秒

Q ルールにしたがって，ビルが何階建て〔　〕
数字で答えましょう。

JN000757

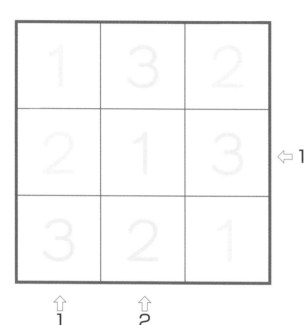

⇦1

⇧
1

⇧
2

解き方

1. ピンクのうすい字は矢印の数字（ビルの数）のヒントからわかるビルの階数です。たとえば「1⇨」だと，ビルが1つしか見えないのでいちばん高い3階建てが手前にあることがわかりますね。

2. ヒントから分かったピンクのうすい字から，他のマスを埋めていきます。ルールの⑤にあるように同じ列には同じ数字は入りませんので，黒のうすい字のようにマスは埋まりますね。

ルール

① あなたは空から町を見ています。

② それぞれのマスには，1階建てから3階建てのビルが建っています。ただ，空から見ているので何階建てかわかりません。

③ 矢印の数字は，その場所から見えるビルの数です。

④ この数字をヒントにマスの中のビルが何階建てなのか答えてください。

⑤ ただし，同じ列（たて・横）に同じ数字は入りません。

「立体図形」と「条件整理」の感覚を同時に養うパズルです。解き方（ルール）を丁寧に理解しましょう。立体イメージで整理する部分と，条件で整理をする部分を相互に使い分けながら完成させるため，高度な整理力が身につきます。

2 ビルディング

Q ルールにしたがって，ビルが何階建てなのかを
数字で答えましょう。

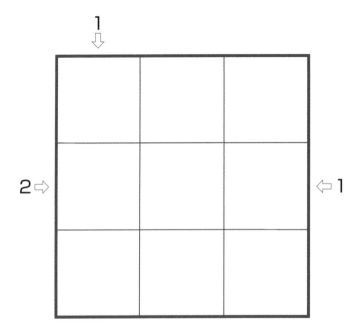

ルール

① あなたは空から町を見ています。

② それぞれのマスには，1階建てから3階建てのビルが建っています。ただ，空から見ているので何階建てかわかりません。

③ 矢印の数字は，その場所から見えるビルの数です。

④ この数字をヒントにマスの中のビルが何階建てなのか答えてください。

⑤ ただし，同じ列（たて・横）に同じ数字は入りません。

 「立体図形」と「条件整理」の感覚を同時に養うパズルです。解き方（ルール）を丁寧に理解しましょう。
立体イメージで整理する部分と，条件で整理をする部分を相互に使い分けながら完成させるため，高度な整理力が身につきます。

3 フォープレイス

目標時間は5分

分　　秒

Q ルールにしたがって，空いているマスに
1～4の数字を入れましょう。

1	4	3	2
		4	
	2		
			3

解き方

いちばん上の横列に注目

1. 右上2×2ブロックは4が決まっていますので，左上1の横はルールより「4」です。

2. 決定「4」の右（右上ブロック上列）は「2」か「3」ですが，いちばん右はしにはルール①より「3」は入りませんので「2」となり，決定「4」の右は「3」となります。

ルール

① たて，横のそれぞれの4列に1～4が1回ずつ入ります。
② 太線で囲まれた2×2の各ブロックにも，1～4が1回ずつ入ります。

「推理」や「条件整理」の感覚を育成するパズルです。複数の条件を同時に考える必要があります。
じっくり条件を見極めながら，あてはまるものを粘り強く考えましょう。

4 フォープレイス

目標時間は5分

分 秒

Q ルールにしたがって，空いているマスに
1～4の数字を入れましょう。

			3
	4		
		1	
2			

ルール

① たて，横のそれぞれの4列に1～4が1回ずつ入ります。
② 太線で囲まれた2×2の各ブロックにも，1～4が1回ずつ入ります。

「推理」や「条件整理」の感覚を育成するパズルです。複数の条件を同時に考える必要があります。
じっくり条件を見極めながら，あてはまるものを粘り強く考えましょう。

5 道をつくる

目標時間は5分

分　秒

Q ルールにしたがって，スタートからゴールまで線で結びましょう。

スタート

ゴール

ルール

① スタートからゴールまでの道順を記入します。
② 🐶のいるマスは通れません。
③ 🐶のいないすべてのマスを通らなければなりません。
④ 同じマスを2回以上通ってはいけません。
⑤ 進める方向はたてと横だけで，ななめには進めません。

「推理」や「条件整理」の感覚を育成するパズルです。複数の条件を同時に考える必要があります。
条件にあてはまるものとそうでないものを判断しながら考えることで正しいものを選択する力が身につきます。

6 道をつくる

目標時間は5分

分　　　秒

Q ルールにしたがって，スタートからゴールまで
線で結びましょう。

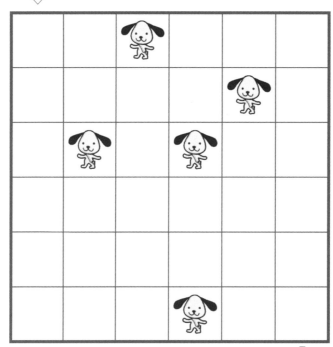

スタート

ゴール

ルール

① スタートからゴールまでの道順を記入します。
② 🐶のいるマスは通れません。
③ 🐶のいないすべてのマスを通らなければなりません。
④ 同じマスを2回以上通ってはいけません。
⑤ 進める方向はたてと横だけで，ななめには進めません。

「推理」や「条件整理」の感覚を育成するパズルです。複数の条件を同時に考える必要があります。
条件にあてはまるものとそうでないものを判断しながら考えることで正しいものを選択する力が身につきます。

7 てんびん

Q ○, △, □, ☆の中でいちばん重いのはどれですか。
次のように数字で答えなさい。

○…1　　△…2　　□…3　　☆…4

(1)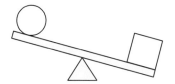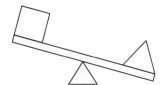

(2)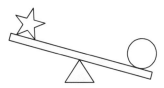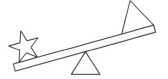

(3)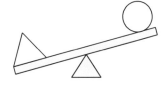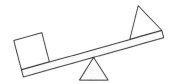

(4)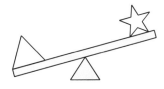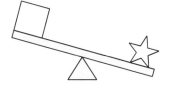

 「論理思考」と「条件整理」の感覚を育成するパズルです。うまく条件を組み合わせながら正しいものを選択する必要があります。また，この形式の問題は「重量比較」を理解する必要があります。正しく理解し，スピード感をもって解けるように戦略を考えましょう。

8　てんびん

目標時間は3分

分　　秒

Q ○, △, □, ☆の中でいちばん軽いのはどれですか。
次のように数字で答えなさい。

○…1　　△…2　　□…3　　☆…4

(1)
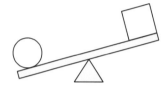　　

(2)
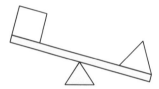　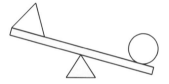　

(3)
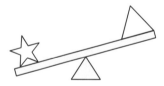　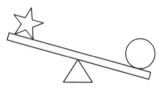　

(4)
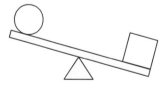　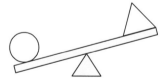　

「論理思考」と「条件整理」の感覚を育成するパズルです。うまく条件を組み合わせながら正しいものを選択する必要があります。また，この形式の問題は「重量比較」を理解する必要があります。正しく理解し，スピード感をもって解けるように戦略を考えましょう。

〔　　月　　日〕

9 ビルディング

目標時間は5分

分　　秒

Q ルールにしたがって，ビルが何階建てなのかを
数字で答えましょう。

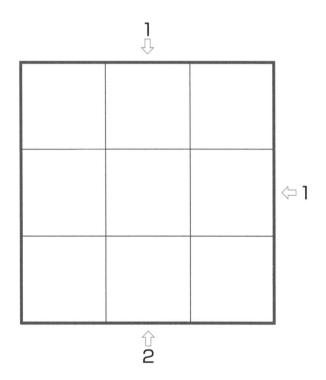

ルール

① あなたは空から町を見ています。

② それぞれのマスには，1階建てから3階建てのビルが建っています。ただ，空から見ているので何階建てかわかりません。

③ 矢印の数字は，その場所から見えるビルの数です。

④ この数字をヒントにマスの中のビルが何階建てなのか答えてください。

⑤ ただし，同じ列（たて・横）に同じ数字は入りません。

「立体図形」と「条件整理」の感覚を同時に養うパズルです。解き方（ルール）を丁寧に理解しましょう。
立体イメージで整理する部分と，条件で整理をする部分を相互に使い分けながら完成させるため，高度な整理力が身につきます。

10 ビルディング

目標時間は5分

分　　秒

Q ルールにしたがって，ビルが何階建てなのかを
数字で答えましょう。

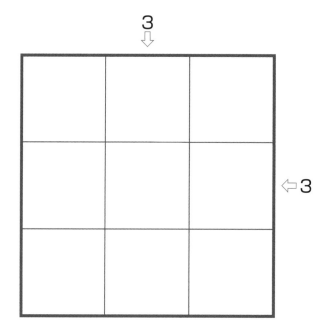

ルール

① あなたは空から町を見ています。

② それぞれのマスには，1階建てから3階建てのビルが建っています。ただ，空から見ているので何階建てかわかりません。

③ 矢印の数字は，その場所から見えるビルの数です。

④ この数字をヒントにマスの中のビルが何階建てなのか答えてください。

⑤ ただし，同じ列（たて・横）に同じ数字は入りません。

「立体図形」と「条件整理」の感覚を同時に養うパズルです。解き方（ルール）を丁寧に理解しましょう。立体イメージで整理する部分と，条件で整理をする部分を相互に使い分けながら完成させるため，高度な整理力が身につきます。

11 フォープレイス

Q ルールにしたがって，空いているマスに
1～4の数字を入れましょう。

			4
2			
	1		
3			

ルール

① たて，横のそれぞれの4列に1～4が1回ずつ入ります。
② 太線で囲まれた2×2の各ブロックにも，1～4が1回ずつ入ります。

「推理」や「条件整理」の感覚を育成するパズルです。複数の条件を同時に考える必要があります。
じっくり条件を見極めながら，あてはまるものを粘り強く考えましょう。

〔　月　日〕

12 フォープレイス

目標時間は5分

分　　　秒

Q ルールにしたがって，空いているマスに
1〜4の数字を入れましょう。

2			
			4
4		3	
	2		

ルール

① たて，横のそれぞれの4列に1〜4が1回ずつ入ります。
② 太線で囲まれた2×2の各ブロックにも，1〜4が1回ずつ入ります。

「推理」や「条件整理」の感覚を育成するパズルです。複数の条件を同時に考える必要があります。
じっくり条件を見極めながら，あてはまるものを粘り強く考えましょう。

13 道をつくる

目標時間は5分

分 秒

Q ルールにしたがって，スタートからゴールまで
線で結びましょう。

スタート

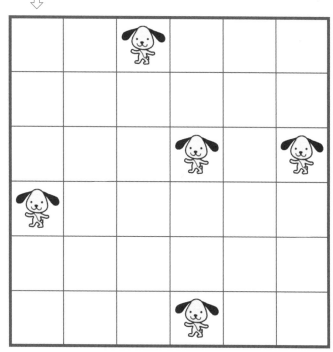

ゴール

ルール

① スタートからゴールまでの道順を記入します。
② 🐶のいるマスは通れません。
③ 🐶のいないすべてのマスを通らなければなりません。
④ 同じマスを2回以上通ってはいけません。
⑤ 進める方向はたてと横だけで，ななめには進めません。

「推理」や「条件整理」の感覚を育成するパズルです。複数の条件を同時に考える必要があります。
条件にあてはまるものとそうでないものを判断しながら考えることで正しいものを選択する力が身につきます。

14 道をつくる

Q ルールにしたがって，スタートからゴールまで
線で結びましょう。

スタート

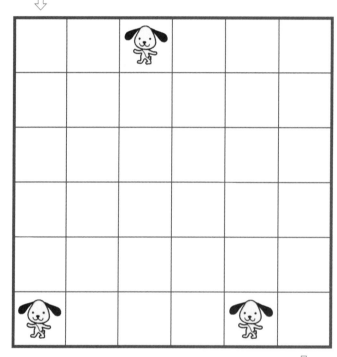

ゴール

ルール

① スタートからゴールまでの道順を記入します。
② 🐶のいるマスは通れません。
③ 🐶のいないすべてのマスを通らなければなりません。
④ 同じマスを2回以上通ってはいけません。
⑤ 進める方向はたてと横だけで，ななめには進めません。

15 てんびん

Q ○, △, □, ☆の中でいちばん重いのはどれですか。
次のように数字で答えなさい。

○…1　　△…2　　□…3　　☆…4

(1)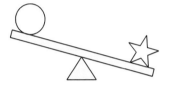

(2)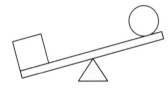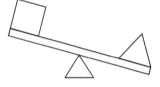

(3)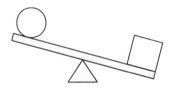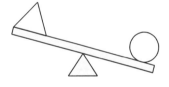

(4)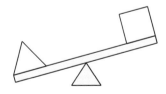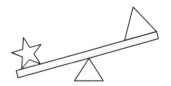

「論理思考」と「条件整理」の感覚を育成するパズルです。うまく条件を組み合わせながら正しいものを選択する必要があります。また、この形式の問題は「重量比較」を理解する必要があります。正しく理解し、スピード感をもって解けるように戦略を考えましょう。

16　てんびん

目標時間は3分

分　　　秒

Q　○，△，□，☆の中でいちばん重いのはどれですか。
次のように数字で答えなさい。

○…1　　△…2　　□…3　　☆…4

(1)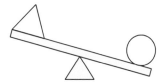

(2)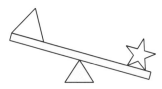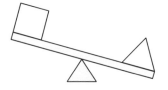

(3)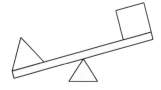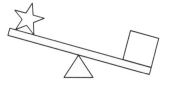

(4)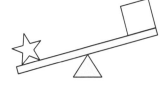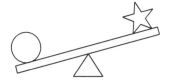

「論理思考」と「条件整理」の感覚を育成するパズルです。うまく条件を組み合わせながら正しいものを選択する必要があります。また，この形式の問題は「重量比較」を理解する必要があります。正しく理解し，スピード感をもって解けるように戦略を考えましょう。

〔　　月　　日〕

17 四角に分ける

目標時間は5分

分　　　秒

Q ルールにしたがって，線を引いて
いくつかの四角に分けましょう。

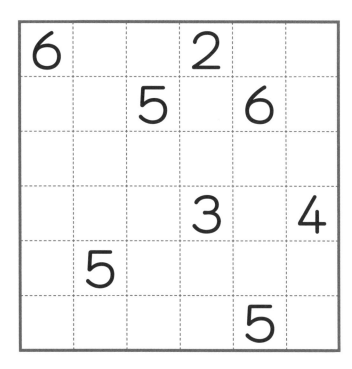

ルール

① 図のマスを1つもあまらないように正方形または長方形に分けます。

② 1つの正方形または長方形の中には必ず数字が1つ入ります。

③ ②の数字はその正方形または長方形にふくまれるマスの数を表します。

④ 同じマスを2つの正方形または長方形が同時に使うことはできません。

「平面図形」と「条件整理」の感覚を同時に養うパズルです。解き方（ルール）を丁寧に理解しましょう。
長方形・正方形の広さを感覚的にとらえながら，条件整理することで完成します。キーとなるところを見極
めましょう。

18 四角に分ける

目標時間は5分

分　秒

Q ルールにしたがって，線を引いて
いくつかの四角に分けましょう。

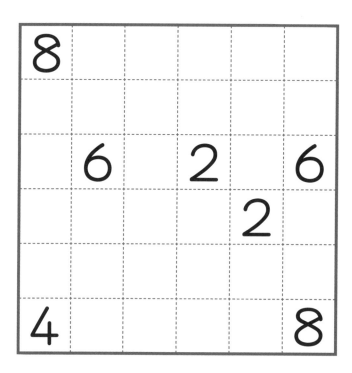

ルール

① 図のマスを1つもあまらないように正方形または長方形に分けます。
② 1つの正方形または長方形の中には必ず数字が1つ入ります。
③ ②の数字はその正方形または長方形にふくまれるマスの数を表します。
④ 同じマスを2つの正方形または長方形が同時に使うことはできません。

「平面図形」と「条件整理」の感覚を同時に養うパズルです。解き方（ルール）を丁寧に理解しましょう。
長方形・正方形の広さを感覚的にとらえながら，条件整理することで完成します。キーとなるところを見極
めましょう。

19 ビルディング

目標時間は5分

分　　　秒

Q ルールにしたがって，ビルが何階建てなのかを
数字で答えましょう。

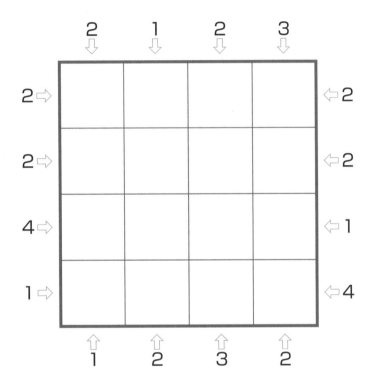

ルール

① あなたは空から町を見ています。

② それぞれのマスには，1階建てから4階建てのビルが建っています。ただ，空から見ているので何階建てかわかりません。

③ 矢印の数字は，その場所から見えるビルの数です。

④ この数字をヒントにマスの中のビルが何階建てなのか答えてください。

⑤ ただし，同じ列（たて・横）に同じ数字は入りません。

 「立体図形」と「条件整理」の感覚を同時に養うパズルです。解き方（ルール）を丁寧に理解しましょう。立体イメージで整理する部分と，条件で整理をする部分を相互に使い分けながら完成させるため，高度な整理力が身につきます。

20 ビルディング

目標時間は5分

分　　秒

Q ルールにしたがって，ビルが何階建て^{なんかいだ}なのかを
数字^{すうじ}で答え^{こた}ましょう。

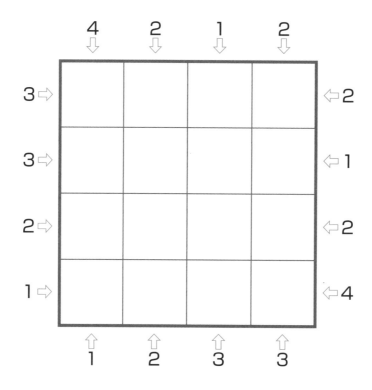

ルール

① あなたは空^{そら}から町^{まち}を見て^みいます。

② それぞれのマスには，1階建て^{かいだ}から4階建てのビルが建って^たいます。ただ，空
から見ているので何階建て^{なん}かわかりません。

③ 矢印^{やじるし}の数字^{すうじ}は，その場所^{ばしょ}から見えるビルの数^{かず}です。

④ この数字をヒントにマスの中のビルが何階建てなのか答え^{こた}てください。

⑤ ただし，同じ^{おな}列^{れつ}（たて・横^{よこ}）に同じ数字は入り^{はい}ません。

「立体図形」と「条件整理」の感覚を同時に養うパズルです。解き方（ルール）を丁寧に理解しましょう。
立体イメージで整理する部分と，条件で整理をする部分を相互に使い分けながら完成させるため，高度な整
理力が身につきます。

21 ナンバープレイス

目標時間は5分

分　　　秒

Q ルールにしたがって，数字を入れましょう。

	3		5		9		4	8
				2				9
4	8	9		6	1	7		
1	5		2		6	8		7
	2			8		3		
8		7	1		3	4		5
		6	4	5			7	
3	9	5	6	1			8	
7					2	5		6

ルール

① 空いたマスに1〜9の数字を入れます。

② たて・横のそれぞれ9列に1〜9が1回ずつ入ります。

③ 太線で囲まれた3×3の9つのブロックにも，1〜9が1回ずつ入ります。

「推理」や「条件整理」の感覚を育成するパズルです。複数の条件を同時に考える必要があります。じっくり条件を見極めながら，あてはまるものを粘り強く考えましょう。

22 ナンバープレイス

目標時間は5分

分　秒

Q ルールにしたがって，数字を入れましょう。

7		3	2		9	6		1
	8			4			3	
5		1	8		3	4		2
3		7	1		4	5		9
	1			9			2	
8		9	6		7	1		3
2		4	9		8	3		7
	3			7			9	
9		8	5		6	2		4

ルール

① 空いたマスに1〜9の数字を入れます。

② たて・横のそれぞれ9列に1〜9が1回ずつ入ります。

③ 太線で囲まれた3×3の9つのブロックにも，1〜9が1回ずつ入ります。

「推理」や「条件整理」の感覚を育成するパズルです。複数の条件を同時に考える必要があります。
じっくり条件を見極めながら，あてはまるものを粘り強く考えましょう。

23 ナンバーリンク

Q ルールにしたがって，同じ数字どうしを
線で結びましょう。

```
2               1
5       4   3
    4   5

3           2
1
```

ルール

① 同じ数どうしをたて・横の線で結びます。
② 線はマスの真ん中を通ります。
③ 線どうしが交わってはいけません。
④ 線は数字の入っているマスは通れません。
⑤ 数字の入っていないすべてのマスを線は1回だけ通ります。

「推理」や「条件整理」の感覚を育成するパズルです。複数の条件を同時に考える必要があります。
最短距離で選ぶと条件が整わないことなどを見極めながら，全体像と条件整理をバランスよく考えましょう。

24 ナンバーリンク

Q ルールにしたがって，同じ数字どうしを
線で結びましょう。

```
| 3 | 4 |   |   |   | 5 | 1 |
|   |   | 2 |   |   |   |   |
|   |   |   | 5 |   |   |   |
|   |   |   | 4 |   |   |   |
|   |   |   | 3 |   |   |   |
| 2 |   |   |   |   |   |   |
| 1 |   |   |   |   |   |   |
```

ルール

① 同じ数どうしをたて・横の線で結びます。

② 線はマスの真ん中を通ります。

③ 線どうしが交わってはいけません。

④ 線は数字の入っているマスは通れません。

⑤ 数字の入っていないすべてのマスを線は1回だけ通ります。

「推理」や「条件整理」の感覚を育成するパズルです。複数の条件を同時に考える必要があります。
最短距離で選ぶと条件が整わないことなどを見極めながら，全体像と条件整理をバランスよく考えましょう。

25 道をつくる

Q ルールにしたがって，スタートからゴールまで
線で結びましょう。

スタート

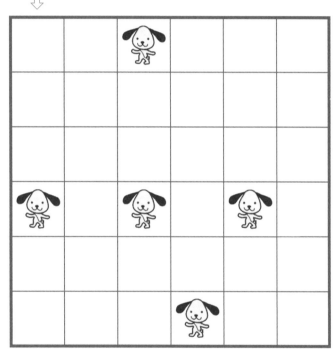

ゴール

ルール

① スタートからゴールまでの道順を記入します。
② 🐶のいるマスは通れません。
③ 🐶のいないすべてのマスを通らなければなりません。
④ 同じマスを2回以上通ってはいけません。
⑤ 進める方向はたてと横だけで，ななめには進めません。

「推理」や「条件整理」の感覚を育成するパズルです。複数の条件を同時に考える必要があります。
条件にあてはまるものとそうでないものを判断しながら考えることで正しいものを選択する力が身につきます。

26 道をつくる

Q ルールにしたがって，スタートからゴールまで
線で結びましょう。

スタート

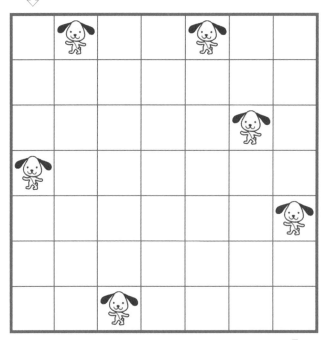

ゴール

ルール

① スタートからゴールまでの道順を記入します。

② 🐕のいるマスは通れません。

③ 🐕のいないすべてのマスを通らなければなりません。

④ 同じマスを2回以上通ってはいけません。

⑤ 進める方向はたてと横だけで，ななめには進めません。

「推理」や「条件整理」の感覚を育成するパズルです。複数の条件を同時に考える必要があります。
条件にあてはまるものとそうでないものを判断しながら考えることで正しいものを選択する力が身につきます。

27 未等式

Q ○の中に＋か－を入れて式を完成させなさい。

(1) $8 \bigcirc 5 \bigcirc 9 \bigcirc 3 = 7$

(2) $11 \bigcirc 3 \bigcirc 5 \bigcirc 7 = 10$

「数」や「推理」「条件整理」の感覚を同時に育成するパズルです。中学入試でも出題されることがあります。
それぞれの条件にあわせた数を見極め、解答に結びつくための条件を丁寧に判断しましょう。

〔　月　日〕

28 未 等 式

目標時間は5分

分　秒

Q ○の中に＋か－を入れて式を完成させなさい。

(1) 4 ◯ 8 ◯ 7 ◯ 5 = 14

(2) 16 ◯ 7 ◯ 8 ◯ 9 = 8

「数」や「推理」「条件整理」の感覚を同時に育成するパズルです。中学入試でも出題されることがあります。
それぞれの条件にあわせた数を見極め，解答に結びつくための条件を丁寧に判断しましょう。

〔　月　日〕

29 てんびん

目標時間は3分

分　　秒

Q ○, △, □, ☆の中でいちばん重いのはどれですか。
次のように数字で答えなさい。

○…1　　△…2　　□…3　　☆…4

(1)

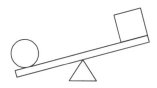 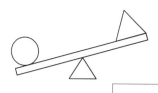

(2)

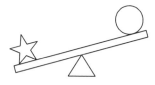 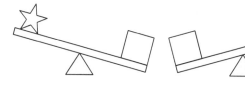

(3)

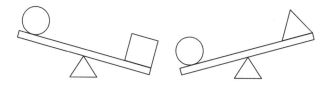 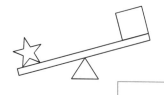

 「論理思考」と「条件整理」の感覚を育成するパズルです。うまく条件を組み合わせながら正しいものを選択する必要があります。また，この形式の問題は「重量比較」を理解する必要があります。正しく理解し，スピード感をもって解けるように戦略を考えましょう。

30 てんびん

目標時間は3分

分　　秒

Q ○, △, □, ☆の中でいちばん軽いのはどれですか。
次のように数字で答えなさい。

○…1　　△…2　　□…3　　☆…4

(1)

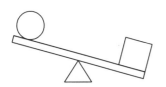 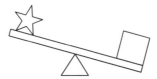 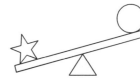

(2)

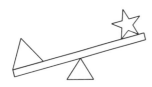 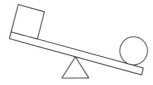 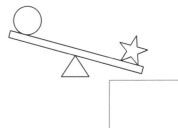

(3)

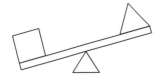  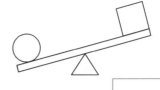

 「論理思考」と「条件整理」の感覚を育成するパズルです。うまく条件を組み合わせながら正しいものを選択する必要があります。また、この形式の問題は「重量比較」を理解する必要があります。正しく理解し、スピード感をもって解けるように戦略を考えましょう。

31 お話

目標時間は3分

分　　秒

Q 次の文は，体重についてのお話です。次の文をよんで，その
あとの問題に答えましょう。なお，できるだけ頭の中で考え
ましょう。わからない場合は，図をかいて考えましょう。

（1）　『太郎君は次郎君より重い。次郎君は三郎君より重い。』
　　　一番重いのはだれですか。番号で答えなさい。

　　　　太郎君→1　　　　次郎君→2　　　　三郎君→3

（2）　『一郎君は二郎君より軽い。三郎君は二郎君より重い。』
　　　一番軽いのはだれですか。番号で答えなさい。

　　　　一郎君→1　　　　二郎君→2　　　　三郎君→3

（3）　『春子さんは夏子さんより軽い。秋子さんは春子さんより
　　　軽い。』二番目に重いのはだれですか。番号で答えなさい。

　　　　春子さん→1　　　　夏子さん→2　　　　秋子さん→3

「論理思考」と「条件整理」の感覚を育成するパズルです。難しい場合は『てんびん』を参考に練習しましょう。
正しく理解すること，イメージをすることができたら，スピード感をもって解けるように戦略を考えましょう。

32 お話

目標時間は3分

分　　　秒

Q 次の文は，体重についてのお話です。次の文をよんで，そのあとの問題に答えましょう。なお，できるだけ頭の中で考えましょう。わからない場合は，図をかいて考えましょう。

（1）『太郎君は次郎君より軽い。太郎君は三郎君より重い。』一番重いのはだれですか。番号で答えなさい。

太郎君→1　　　　次郎君→2　　　　三郎君→3

（2）『一郎君は二郎君より軽い。三郎君は一郎君より軽い。』一番軽いのはだれですか。番号で答えなさい。

一郎君→1　　　　二郎君→2　　　　三郎君→3

（3）『春子さんは夏子さんより重い。春子さんは秋子さんより軽い。』二番目に重いのはだれですか。番号で答えなさい。

春子さん→1　　　　夏子さん→2　　　　秋子さん→3

「論理思考」と「条件整理」の感覚を育成するパズルです。難しい場合は『てんびん』を参考に練習しましょう。正しく理解すること，イメージをすることができたら，スピード感をもって解けるように戦略を考えましょう。

〔　　月　　日〕

33 あみだ

目標時間は5分

分　　秒

Q 次のあみだくじに，2本線を入れて，同じ記号どうしが
結ばれるようにしましょう。
（なお，答えは1つとはかぎりません。）

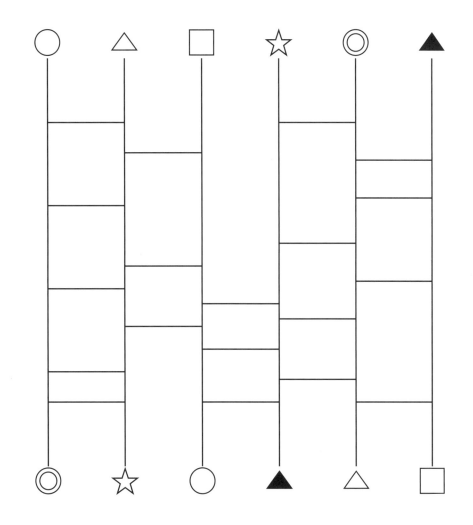

 「論理」や「条件整理」の感覚を育成するパズルです。条件をたしていくことで変化する全体像を見極める
必要があります。なんとなく解答を導くのではなく，すべての条件がみたすことを確認する「見直す力」を
養うこともできます。

〔　　月　　日〕

34 あ み だ

目標時間は5分

分　　秒

Q 次のあみだくじに，（1），（2）の線を入れて，
同じ記号どうしが結ばれるようにしましょう。
（なお，答えは1つとはかぎりません。）

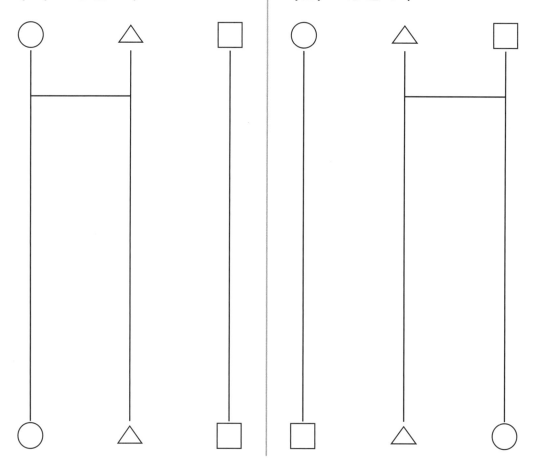

（1）　あと5本

（2）　あと4本

「論理」や「条件整理」の感覚を育成するパズルです。条件をたしていくことで変化する全体像を見極める必要があります。なんとなく解答を導くのではなく，すべての条件がみたすことを確認する「見直す力」を養うこともできます。

35 四角に分ける

Q ルールにしたがって，線を引いて
いくつかの四角に分けましょう。

7			6		
				10	
	8		3		4
		9			
					2

ルール

① 図のマスを1つもあまらないように正方形または長方形に分けます。
② 1つの正方形または長方形の中には必ず数字が1つ入ります。
③ ②の数字はその正方形または長方形にふくまれるマスの数を表します。
④ 同じマスを2つの正方形または長方形が同時に使うことはできません。

「平面図形」と「条件整理」の感覚を同時に養うパズルです。解き方（ルール）を丁寧に理解しましょう。
長方形・正方形の広さを感覚的にとらえながら，条件整理することで完成します。キーとなるところを見極
めましょう。

36 四角に分ける

Q ルールにしたがって，線を引いて
いくつかの四角に分けましょう。

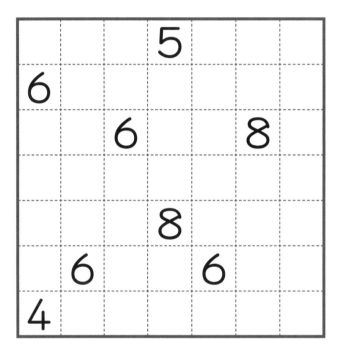

ルール

① 図のマスを1つもあまらないように正方形または長方形に分けます。
② 1つの正方形または長方形の中には必ず数字が1つ入ります。
③ ②の数字はその正方形または長方形にふくまれるマスの数を表します。
④ 同じマスを2つの正方形または長方形が同時に使うことはできません。

「平面図形」と「条件整理」の感覚を同時に養うパズルです。解き方（ルール）を丁寧に理解しましょう。
長方形・正方形の広さを感覚的にとらえながら，条件整理することで完成します。キーとなるところを見極
めましょう。

37 ビルディング

Q ルールにしたがって，ビルが何階建てなのかを
数字で答えましょう。

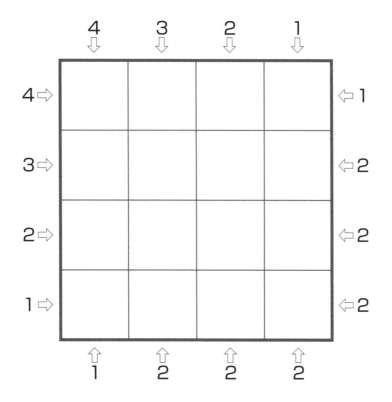

ルール

① あなたは空から町を見ています。

② それぞれのマスには，1階建てから4階建てのビルが建っています。ただ，空から見ているので何階建てかわかりません。

③ 矢印の数字は，その場所から見えるビルの数です。

④ この数字をヒントにマスの中のビルが何階建てなのか答えてください。

⑤ ただし，同じ列（たて・横）に同じ数字は入りません。

「立体図形」と「条件整理」の感覚を同時に養うパズルです。解き方（ルール）を丁寧に理解しましょう。
立体イメージで整理する部分と，条件で整理をする部分を相互に使い分けながら完成させるため，高度な整
理力が身につきます。

38 ビルディング

目標時間は5分

分　　　秒

Q ルールにしたがって，ビルが何階建てなのかを
数字で答えましょう。

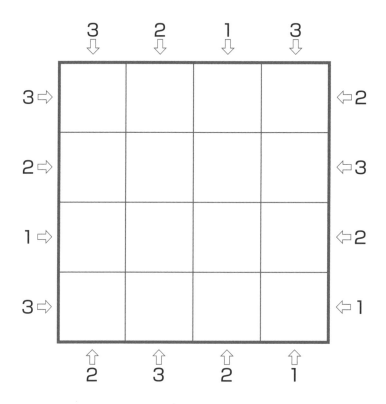

ルール

① あなたは空から町を見ています。

② それぞれのマスには，1階建てから4階建てのビルが建っています。ただ，空から見ているので何階建てかわかりません。

③ 矢印の数字は，その場所から見えるビルの数です。

④ この数字をヒントにマスの中のビルが何階建てなのか答えてください。

⑤ ただし，同じ列（たて・横）に同じ数字は入りません。

「立体図形」と「条件整理」の感覚を同時に養うパズルです。解き方（ルール）を丁寧に理解しましょう。
立体イメージで整理する部分と，条件で整理をする部分を相互に使い分けながら完成させるため，高度な整理力が身につきます。

〔　月　日〕

39 ナンバープレイス

目標時間は5分

分　　秒

Q ルールにしたがって，数字を入れましょう。

		8	2		4		5	7
	7			3			9	
5		6	9		8	2		
2		9			3	6		1
	4			8			3	
8			5		1	4		
1		4			7			9
	9			1			2	
6			8		9	1		3

ルール

① 空いたマスに1〜9の数字を入れます。
② たて・横のそれぞれ9列に1〜9が1回ずつ入ります。
③ 太線で囲まれた3×3の9つのブロックにも，1〜9が1回ずつ入ります。

「推理」や「条件整理」の感覚を育成するパズルです。複数の条件を同時に考える必要があります。
じっくり条件を見極めながら，あてはまるものを粘り強く考えましょう。

40　ナンバープレイス

目標時間は5分

分　　　秒

Q ルールにしたがって，数字を入れましょう。

		1	2		5	4	3	
	3		4		6		2	
2			7		8			1
7	9	2		6		8	5	4
			8	5	2			
5	8	3		7		6	1	2
4			1		9			5
	1	7	5		3		4	
		5	6		7	1		

ルール

① 空いたマスに 1〜9 の数字を入れます。
② たて・横のそれぞれ 9 列に 1〜9 が 1 回ずつ入ります。
③ 太線で囲まれた 3×3 の 9 つのブロックにも，1〜9 が 1 回ずつ入ります。

「推理」や「条件整理」の感覚を育成するパズルです。複数の条件を同時に考える必要があります。
じっくり条件を見極めながら，あてはまるものを粘り強く考えましょう。

〔　　月　　日〕

41 ナンバーリンク

目標時間は 5 分

分　　　秒

Q ルールにしたがって，同じ数字どうしを
線で結びましょう。

```
┌─────────────────────────┐
│ 1                       │
│ 2                    4  │
│    4   3                │
│            2            │
│ 3                       │
│ 1                       │
└─────────────────────────┘
```

ルール

① 同じ数どうしをたて・横の線で結びます。

② 線はマスの真ん中を通ります。

③ 線どうしが交わってはいけません。

④ 線は数字の入っているマスは通れません。

⑤ 数字の入っていないすべてのマスを線は 1 回だけ通ります。

「推理」や「条件整理」の感覚を育成するパズルです。複数の条件を同時に考える必要があります。
最短距離で選ぶと条件が整わないことなどを見極めながら，全体像と条件整理をバランスよく考えましょう。

42 ナンバーリンク

Q ルールにしたがって，同じ数字どうしを
線で結びましょう。

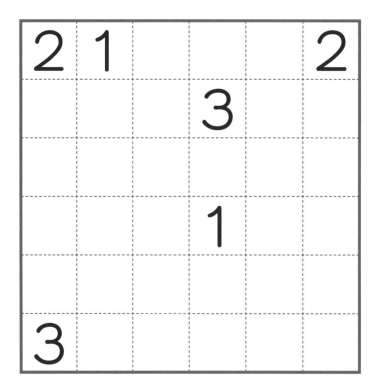

ルール

① 同じ数どうしをたて・横の線で結びます。
② 線はマスの真ん中を通ります。
③ 線どうしが交わってはいけません。
④ 線は数字の入っているマスは通れません。
⑤ 数字の入っていないすべてのマスを線は1回だけ通ります。

「推理」や「条件整理」の感覚を育成するパズルです。複数の条件を同時に考える必要があります。
最短距離で選ぶと条件が整わないことなどを見極めながら，全体像と条件整理をバランスよく考えましょう。

43 道をつくる

目標時間は5分

分　　秒

Q ルールにしたがって，スタートからゴールまで
線で結びましょう。

スタート

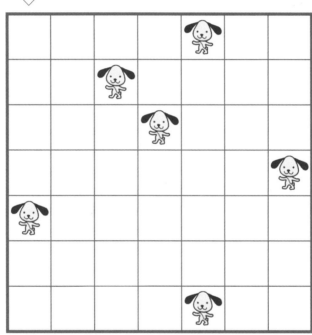

ゴール

ルール

① スタートからゴールまでの道順を記入します。

② 🐕のいるマスは通れません。

③ 🐕のいないすべてのマスを通らなければなりません。

④ 同じマスを2回以上通ってはいけません。

⑤ 進める方向はたてと横だけで，ななめには進めません。

「推理」や「条件整理」の感覚を育成するパズルです。複数の条件を同時に考える必要があります。
条件にあてはまるものとそうでないものを判断しながら考えることで正しいものを選択する力が身につきます。

44 道をつくる

Q ルールにしたがって，スタートからゴールまで
線で結びましょう。

スタート

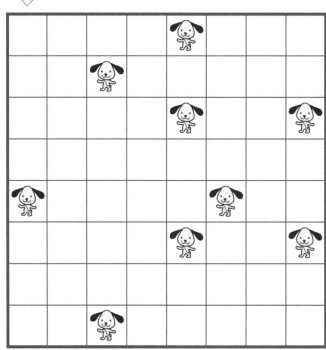

ゴール

ルール

① スタートからゴールまでの道順を記入します。
② 🐶のいるマスは通れません。
③ 🐶のいないすべてのマスを通らなければなりません。
④ 同じマスを2回以上通ってはいけません。
⑤ 進める方向はたてと横だけで，ななめには進めません。

「推理」や「条件整理」の感覚を育成するパズルです。複数の条件を同時に考える必要があります。
条件にあてはまるものとそうでないものを判断しながら考えることで正しいものを選択する力が身につきます。

〔　　月　　日〕

45 てんびん

目標時間は3分

分　　秒

Q ○, △, □, ☆ の中でいちばん重いのはどれですか。
次のように数字で答えましょう。

○…1　　△…2　　□…3　　☆…4

(1)

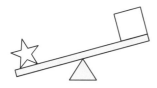 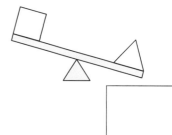

(2)

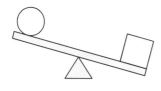 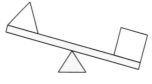 

(3)

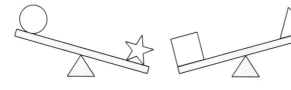 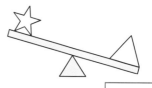

 「論理思考」と「条件整理」の感覚を育成するパズルです。うまく条件を組み合わせながら正しいものを選択する必要があります。また，この形式の問題は「重量比較」を理解する必要があります。正しく理解し，スピード感をもって解けるように戦略を考えましょう。

46 てんびん

目標時間は3分

分　　秒

Q ○, △, □, ☆の中でいちばん軽いのはどれですか。
次のように数字で答えましょう。

○…1　　△…2　　□…3　　☆…4

(1)

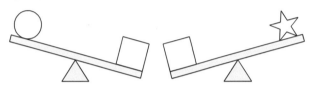 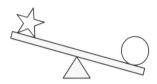

(2)

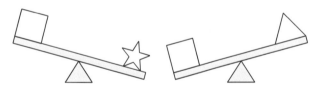 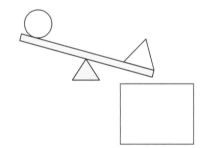

(3)

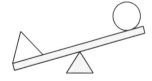 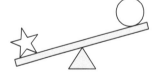 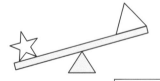

「論理思考」と「条件整理」の感覚を育成するパズルです。うまく条件を組み合わせながら正しいものを選択する必要があります。また，この形式の問題は「重量比較」を理解する必要があります。正しく理解し，スピード感をもって解けるように戦略を考えましょう。

47 お話

目標時間は3分

分　　秒

Q 次の文は，体重についてのお話です。次の文をよんで，その
あとの問題に答えましょう。なお，できるだけ頭の中で考え
ましょう。わからない場合は，図をかいて考えましょう。

（1）『太郎君は次郎君より軽い。三郎君は太郎君より軽い。』
一番重いのはだれですか。番号で答えなさい。

太郎君→1　　　　次郎君→2　　　　三郎君→3

（2）『一郎君は二郎君より重い。三郎君は二郎君より軽い。』
一番軽いのはだれですか。番号で答えなさい。

一郎君→1　　　　二郎君→2　　　　三郎君→3

（3）『春子さんは夏子さんより重い。秋子さんは春子さんより
重い。』二番目に重いのはだれですか。番号で答えなさい。

春子さん→1　　　　夏子さん→2　　　　秋子さん→3

「論理思考」と「条件整理」の感覚を育成するパズルです。難しい場合は『てんびん』を参考に練習しましょう。
正しく理解すること，イメージをすることができたら，スピード感をもって解けるように戦略を考えましょう。

48 お話

目標時間は3分

分　　秒

Q 次の文は，体重についてのお話です。次の文をよんで，その あとの問題に答えましょう。なお，できるだけ頭の中で考え ましょう。わからない場合は，図をかいて考えましょう。

（1）『太郎君は次郎君より重い。次郎君は三郎君より重い。太 郎君は三郎君より重い。』
一番重いのはだれですか。番号で答えなさい。

太郎君→1　　　　次郎君→2　　　　三郎君→3

（2）『一郎君は二郎君より重い。一郎君は三郎君より軽い。三 郎君は二郎君より重い。』
一番軽いのはだれですか。番号で答えなさい。

一郎君→1　　　　二郎君→2　　　　三郎君→3

（3）『春子さんは夏子さんより軽い。春子さんは秋子さんより 重い。冬子さんは夏子さんより重い。』
三番目に重いのはだれですか。番号で答えなさい。

春子さん→1　　　　夏子さん→2　　　　秋子さん→3
冬子さん→4

「論理思考」と「条件整理」の感覚を育成するパズルです。難しい場合は『てんびん』を参考に練習しましょう。 正しく理解すること，イメージをすることができたら，スピード感をもって解けるように戦略を考えましょう。

49 あ み だ

Q 次のあみだくじで，同じ記号どうしが結ばれているものを
2つえらんで，番号で答えましょう。

1.
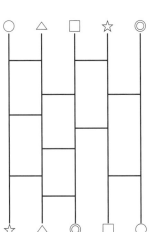

2.
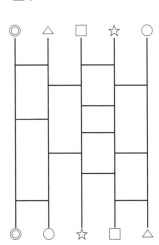

3.
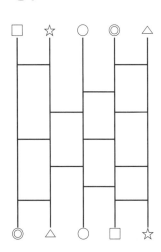

4.
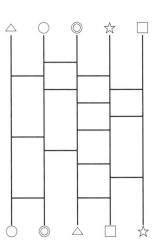

5.
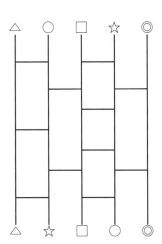

6.
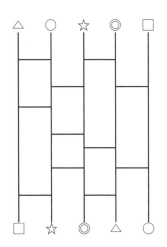

50 あみだ

Q 次のあみだくじで，同じ記号どうしが結ばれているものを
2つえらんで，番号で答えましょう。

1.

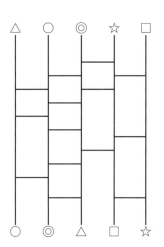

2.

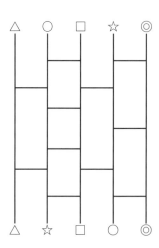

3.

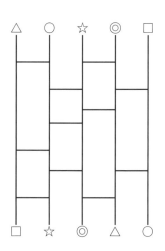

4.

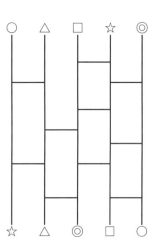

5.

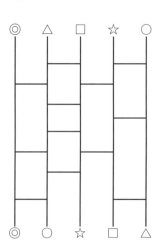

6.

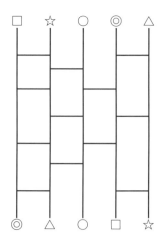

「論理」や「条件整理」の感覚を育成するパズルです。条件をたしていくことで変化する全体像を見極める
必要があります。なんとなく解答を導くのではなく，すべての条件がみたすことを確認する「見直す力」を
養うこともできます。

51 四角に分ける

Q ルールにしたがって，線を引いて
いくつかの四角に分けましょう。

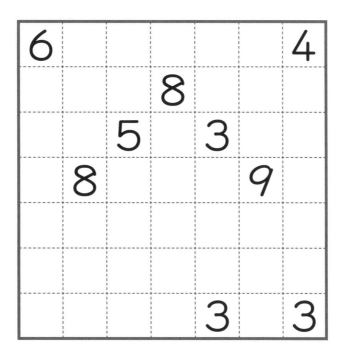

ルール

① 図のマスを1つもあまらないように正方形または長方形に分けます。
② 1つの正方形または長方形の中には必ず数字が1つ入ります。
③ ②の数字はその正方形または長方形にふくまれるマスの数を表します。
④ 同じマスを2つの正方形または長方形が同時に使うことはできません。

「平面図形」と「条件整理」の感覚を同時に養うパズルです。解き方（ルール）を丁寧に理解しましょう。
長方形・正方形の広さを感覚的にとらえながら，条件整理することで完成します。キーとなるところを見極
めましょう。

〔　　月　　日〕

52 四角に分ける

目標時間は 5 分

分　　秒

Q ルールにしたがって，線を引いて
いくつかの四角に分けましょう。

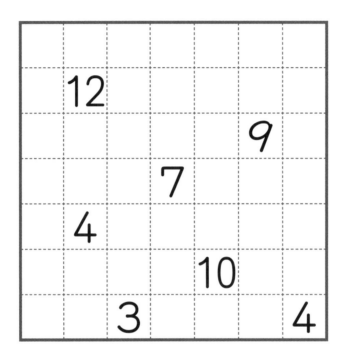

ルール

① 図のマスを 1 つもあまらないように正方形または長方形に分けます。
② 1 つの正方形または長方形の中には必ず数字が 1 つ入ります。
③ ②の数字はその正方形または長方形にふくまれるマスの数を表します。
④ 同じマスを 2 つの正方形または長方形が同時に使うことはできません。

「平面図形」と「条件整理」の感覚を同時に養うパズルです。解き方（ルール）を丁寧に理解しましょう。
長方形・正方形の広さを感覚的にとらえながら，条件整理することで完成します。キーとなるところを見極
めましょう。

53 ビルディング

Q ルールにしたがって，ビルが何階建てなのかを
数字で答えましょう。

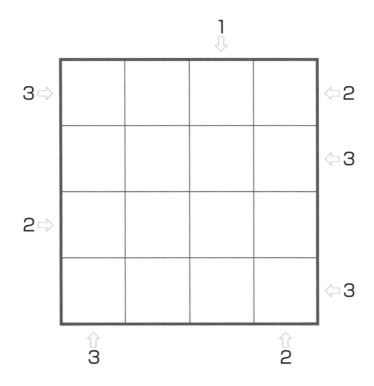

ルール

① あなたは空から町を見ています。

② それぞれのマスには，1階建てから4階建てのビルが建っています。ただ，空から見ているので何階建てかわかりません。

③ 矢印の数字は，その場所から見えるビルの数です。

④ この数字をヒントにマスの中のビルが何階建てなのか答えてください。

⑤ ただし，同じ列（たて・横）に同じ数字は入りません。

「立体図形」と「条件整理」の感覚を同時に養うパズルです。解き方（ルール）を丁寧に理解しましょう。
立体イメージで整理する部分と，条件で整理をする部分を相互に使い分けながら完成させるため，高度な整理力が身につきます。

54 ビルディング

Q ルールにしたがって，ビルが何階建てなのかを
数字で答えましょう。

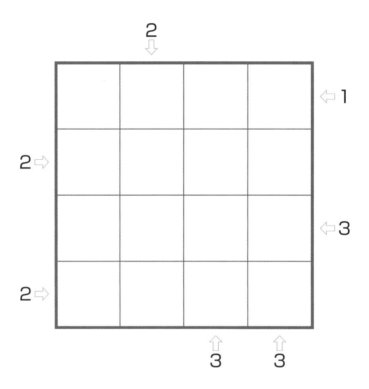

ルール

① あなたは空から町を見ています。

② それぞれのマスには，1階建てから4階建てのビルが建っています。ただ，空から見ているので何階建てかわかりません。

③ 矢印の数字は，その場所から見えるビルの数です。

④ この数字をヒントにマスの中のビルが何階建てなのか答えてください。

⑤ ただし，同じ列（たて・横）に同じ数字は入りません。

「立体図形」と「条件整理」の感覚を同時に養うパズルです。解き方（ルール）を丁寧に理解しましょう。立体イメージで整理する部分と，条件で整理をする部分を相互に使い分けながら完成させるため，高度な整理力が身につきます。

55 ナンバープレイス

目標時間は 5 分

分　　秒

Q ルールにしたがって，数字を入れましょう。

5		9	1		4	3		7
	2							
1		3	6		7	8		9
6		1	2		9	7		3
				4				
4		2	8		3	5		1
3		7	9		8	2		4
							3	
2		4	5		6	9		8

ルール

① 空いたマスに 1 ～ 9 の数字を入れます。
② たて・横のそれぞれ 9 列に 1 ～ 9 が 1 回ずつ入ります。
③ 太線で囲まれた 3×3 の 9 つのブロックにも，1 ～ 9 が 1 回ずつ入ります。

「推理」や「条件整理」の感覚を育成するパズルです。複数の条件を同時に考える必要があります。
じっくり条件を見極めながら，あてはまるものを粘り強く考えましょう。

56 ナンバープレイス

目標時間は5分

分　秒

Q ルールにしたがって，数字を入れましょう。

	6		3	2			8	
7		8			6	3		5
	4			5			2	
	8			4			5	
9		5	6		2	7		1
	7			9			6	
	5			6				8
8		6	1		5	4		2
2				9			3	

ルール

① 空いたマスに1〜9の数字を入れます。
② たて・横のそれぞれ9列に1〜9が1回ずつ入ります。
③ 太線で囲まれた3×3の9つのブロックにも，1〜9が1回ずつ入ります。

「推理」や「条件整理」の感覚を育成するパズルです。複数の条件を同時に考える必要があります。
じっくり条件を見極めながら，あてはまるものを粘り強く考えましょう。

57 道をつくる

Q ルールにしたがって，スタートからゴールまで
線で結びましょう。

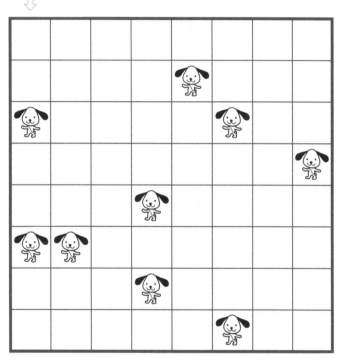

ルール

① スタートからゴールまでの道順を記入します。
② 🐶のいるマスは通れません。
③ 🐶のいないすべてのマスを通らなければなりません。
④ 同じマスを2回以上通ってはいけません。
⑤ 進める方向はたてと横だけで，ななめには進めません。

「推理」や「条件整理」の感覚を育成するパズルです。複数の条件を同時に考える必要があります。
条件にあてはまるものとそうでないものを判断しながら考えることで正しいものを選択する力が身につきます。

58 道をつくる

目標時間は5分

分　秒

Q ルールにしたがって，スタートからゴールまで
線で結びましょう。

スタート

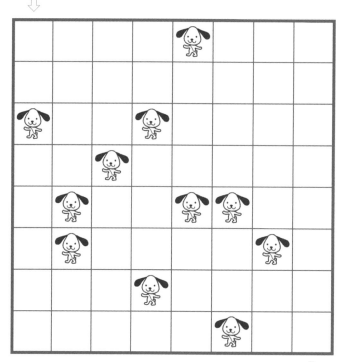

ゴール

ルール

① スタートからゴールまでの道順を記入します。
② 🐶のいるマスは通れません。
③ 🐶のいないすべてのマスを通らなければなりません。
④ 同じマスを2回以上通ってはいけません。
⑤ 進める方向はたてと横だけで，ななめには進めません。

「推理」や「条件整理」の感覚を育成するパズルです。複数の条件を同時に考える必要があります。
条件にあてはまるものとそうでないものを判断しながら考えることで正しいものを選択する力が身につきます。

仮説思考　初　級　パズル道場検定

時間は20分

分　　秒

1

4		2	1		5			
1				7	4		5	
		6	9	8			1	
	3	8				6		1
		9				5		
5		1				9	3	
			3	4	7	8	6	2
	2			9		1		
	6		8			4		

2 太郎君，次郎君，花子さんの身長をくらべました。

① 太郎君は花子さんより低い。

② 次郎君は1番目に高い。

身長が高い順に書きましょう。

1番…　□　, 2番…　□　, 3番…　□

3

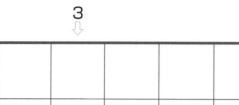
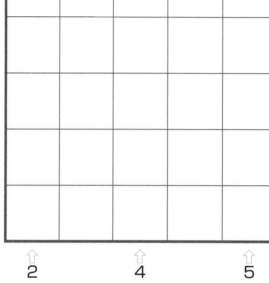

4

スタート

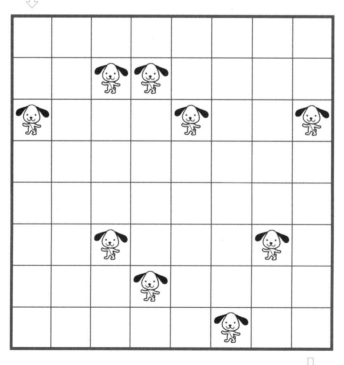

ゴール

1

1	3	2
2	1	3	⇐1
3	2	1

↑1　　⇧2

2

1⇩

3	2	1
2⇨| 2	1	3	⇐1
1	3	2

3

1	4	3	2
2	3	4	1
3	2	1	4
4	1	2	3

4

1	2	4	3
3	4	2	1
4	3	1	2
2	1	3	4

5 スタート

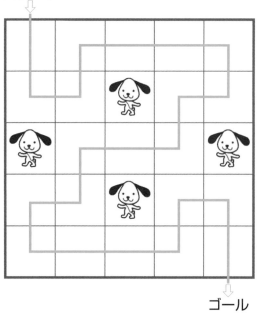

ゴール

6 スタート

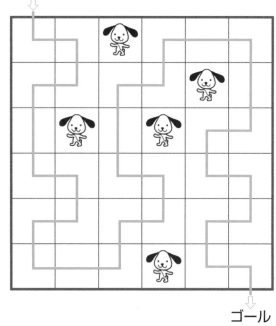

ゴール

7 (1) 2　　(2) 1　　(3) 3　　(4) 2

8 (1) 4　　(2) 3　　(3) 2　　(4) 2

9

	1↓	
1	3	2
2	1	3	⇐1
3	2	1

2↑

10

	3↓	
2	1	3
3	2	1	⇐3
1	3	2

11

1	3	2	4
2	4	1	3
4	1	3	2
3	2	4	1

12

2	4	1	3
1	3	2	4
4	1	3	2
3	2	4	1

13 スタート

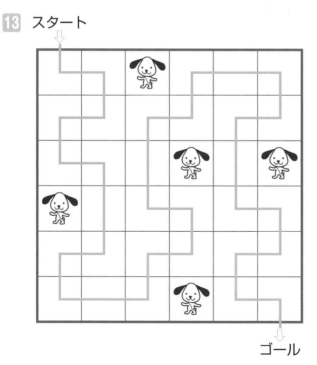

ゴール

14　スタート

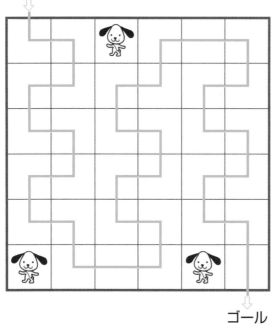

ゴール

15　（1）2　　　（2）2　　　（3）3　　　（4）4

16　（1）3　　　（2）4　　　（3）2　　　（4）1

17

6			2		
	5			6	
			3		4
5					
			5		

18

8					
		6		2		6
				2	
4					8

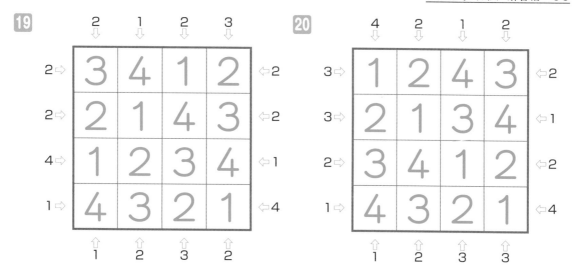

19

	2	1	2	3	
2	3	4	1	2	2
2	2	1	4	3	2
4	1	2	3	4	1
1	4	3	2	1	4
	1	2	3	2	

20

	4	2	1	2	
3	1	2	4	3	2
3	2	1	3	4	1
2	3	4	1	2	2
1	4	3	2	1	4
	1	2	3	3	

21

6	3	2	5	7	9	1	4	8
5	7	1	8	2	4	6	3	9
4	8	9	3	6	1	7	5	2
1	5	3	2	4	6	8	9	7
9	2	4	7	8	5	3	6	1
8	6	7	1	9	3	4	2	5
2	1	6	4	5	8	9	7	3
3	9	5	6	1	7	2	8	4
7	4	8	9	3	2	5	1	6

22

7	4	3	2	5	9	6	8	1
6	8	2	7	4	1	9	3	5
5	9	1	8	6	3	4	7	2
3	2	7	1	8	4	5	6	9
4	1	6	3	9	5	7	2	8
8	5	9	6	2	7	1	4	3
2	6	4	9	1	8	3	5	7
1	3	5	4	7	2	8	9	6
9	7	8	5	3	6	2	1	4

23
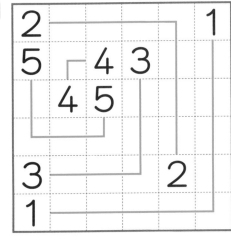

24
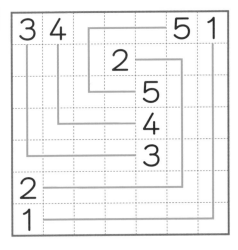

25 スタート

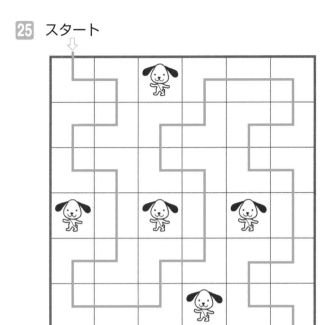

ゴール

26 スタート

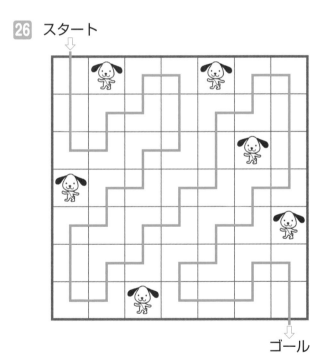

ゴール

27　（1）$8 + 5 - 9 + 3 = 7$
　　（2）$11 - 3 - 5 + 7 = 10$

28　（1）$4 + 8 + 7 - 5 = 14$
　　（2）$16 - 7 + 8 - 9 = 8$

29　（1）1　　（2）3　　（3）4

30　（1）1　　（2）3　　（3）2

31　（1）1　　（2）1　　（3）1

32　（1）2　　（2）3　　（3）1

33　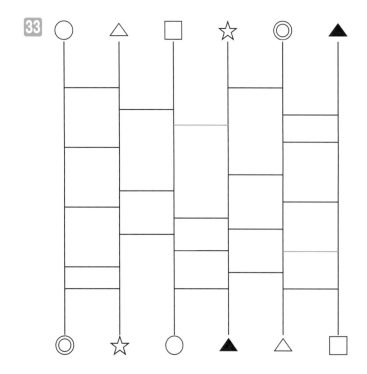

34　（1） 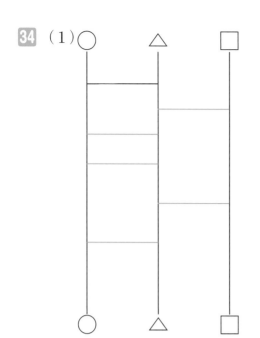 （2）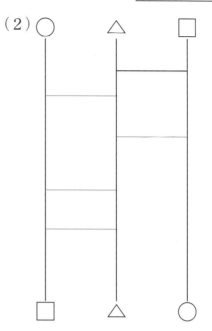

35

7			6		
			10		
	8		3		4
		9			
					2

36

			5		
6					
	6			8	
		8			
6			6		
4					

37

	4	3	2	1	
4	1	2	3	4	1
3	2	3	4	1	2
2	3	4	1	2	2
1	4	1	2	3	2
	1	2	2	2	

38

	3	2	1	3	
3	1	3	4	2	2
2	3	4	2	1	3
1	4	2	1	3	2
3	2	1	3	4	1
	2	3	2	1	

39

9	1	8	2	6	4	3	5	7
4	7	2	1	3	5	8	9	6
5	3	6	9	7	8	2	1	4
2	5	9	7	4	3	6	8	1
7	4	1	6	8	2	9	3	5
8	6	3	5	9	1	4	7	2
1	8	4	3	2	7	5	6	9
3	9	5	4	1	6	7	2	8
6	2	7	8	5	9	1	4	3

40

6	7	1	2	9	5	4	3	8
8	3	9	4	1	6	5	2	7
2	5	4	7	3	8	9	6	1
7	9	2	3	6	1	8	5	4
1	4	6	8	5	2	7	9	3
5	8	3	9	7	4	6	1	2
4	6	8	1	2	9	3	7	5
9	1	7	5	8	3	2	4	6
3	2	5	6	4	7	1	8	9

41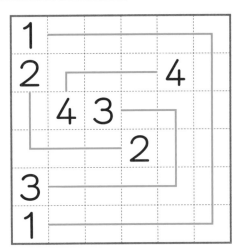

42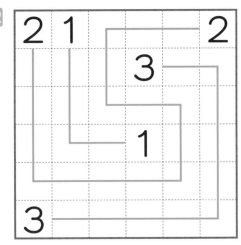

43 スタート

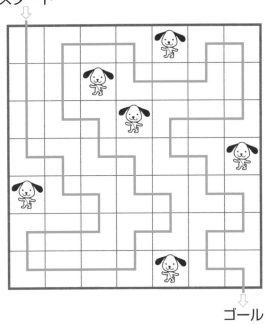

ゴール

44 スタート

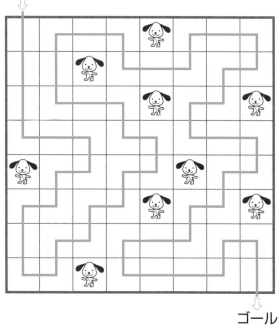

ゴール

45 （1）4　　（2）3　　（3）3

46 （1）4　　（2）1　　（3）1

47 （1）2　　（2）3　　（3）1

48 （1）1　　（2）2　　（3）1

49 3，5

50 2，6

51

	6							4
				8				
			5		3			
		8				9		
					3		3	

52

		12					
						9	
				7			
		4					
					10		
			3				4

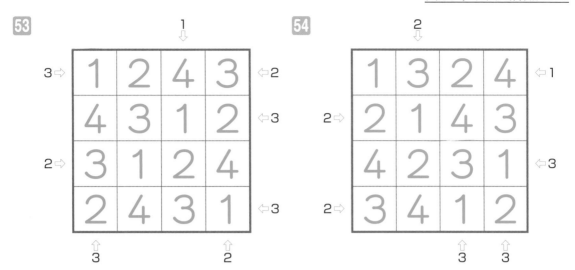

53

	1↓		
3⇒ 1	2	4	3 ⇐2
4	3	1	2 ⇐3
2⇒ 3	1	2	4
2	4	3	1 ⇐3

3↑　　　2↑

54

	2↓		
1	3	2	4 ⇐1
2⇒ 2	1	4	3
4	2	3	1 ⇐3
2⇒ 3	4	1	2

3↑　3↑

55

5	6	9	1	8	4	3	2	7
7	2	8	3	9	5	4	1	6
1	4	3	6	2	7	8	5	9
6	8	1	2	5	9	7	4	3
9	3	5	7	4	1	6	8	2
4	7	2	8	6	3	5	9	1
3	5	7	9	1	8	2	6	4
8	9	6	4	7	2	1	3	5
2	1	4	5	3	6	9	7	8

56

5	6	9	3	2	7	1	8	4
7	2	8	4	1	6	3	9	5
1	4	3	8	5	9	6	2	7
6	8	1	7	4	3	2	5	9
9	3	5	6	8	2	7	4	1
4	7	2	5	9	1	8	6	3
3	5	7	2	6	4	9	1	8
8	9	6	1	3	5	4	7	2
2	1	4	9	7	8	5	3	6

57 スタート

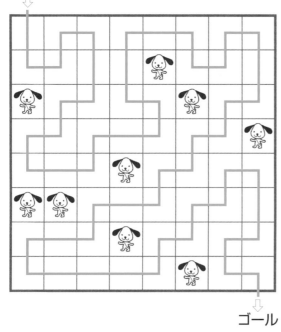

ゴール

58　スタート

ゴール

パズル道場検定

1

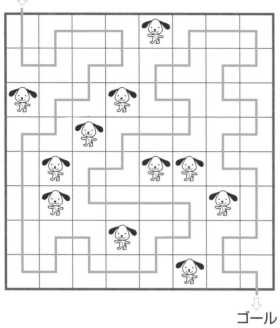

4	9	2	1	3	5	7	8	6
1	8	3	6	7	4	2	5	9
7	5	6	9	8	2	3	1	4
2	3	8	7	5	9	6	4	1
6	7	9	4	1	3	5	2	8
5	4	1	2	6	8	9	3	7
9	1	5	3	4	7	8	6	2
8	2	4	5	9	6	1	7	3
3	6	7	8	2	1	4	9	5

2 1番…次郎君　　2番…花子さん　　3番…太郎君

3

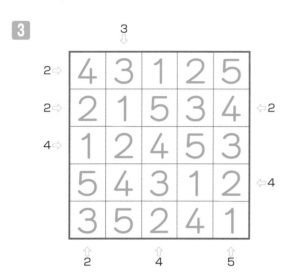

4 スタート

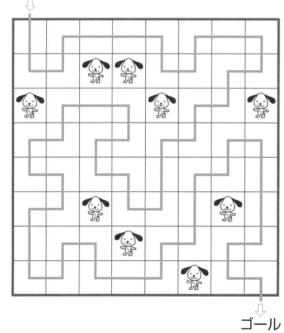

ゴール

「パズル道場検定」が時間内でできたときは，次ページの天才脳ドリル仮説思考初級「認定証」を授与します。おめでとうございます。

認定証

仮説思考 初級

_____ 殿

あなたはパズル道場検定において、仮説思考コースの初級に合格しました。ここにその努力をたたえ認定証を授与します。

年　月
パズル道場
山下善徳・橋本龍吾